Дубликат изображения
Луна на горизонте

Peter D. Geldart
Питер Д. Гелдарт
Член RASC

Перевод с английского с
помощью Google Translate

I0105639

Дубликат изображения
Луна на горизонте
Peter D. Geldart
Питер Д. Гелдарт
член RASC
geldartp@gmail.com

Перевод с английского с помощью Google Translate

ок. 3000 слов
32 страницы
4" X 6"

Обложка: Эта серия фотографий показывает искажённый и огненный восход Луны над государственным парком «Ту-Лайтс» на мысе Элизабет, штат Мэн, вечером 27 января 2013 года. Фотограф: Джон Стетсон. Авторы краткого содержания: Джон Стетсон; Джим Фостер. Используется с разрешения. Photographer: John Stetson. https://epod.usra.edu/blog/2013/02/omega-moon-over-cape-elizabeth-maine.html.

Впервые частично опубликовано в журнале The Strolling Astronomer, т. 67, № 2, стр. 73, 2025, Ассоциации наблюдателей за Луной и Планетами.

2025

Petra Books
MBO Coworking
78 George Street, Suite 204
Ottawa ON K1N 5W1 Canada

Абстрактный

Исследуется причина появления нижнего изображения, наблюдаемого на горизонте во время заката/восхода Луны/Солнца. Были проведены наблюдения захода Луны над водным горизонтом, где изображение дублировалось. Это явление известно как эффект этрусской вазы или Омеги из-за его формы. Модель рефракции предполагает, что свет от геометрически расположенной Луны за горизонтом проходит через слои воздуха с различной температурой и плотностью, чтобы преломиться к наблюдателю. Однако этого недостаточно для объяснения восходящего нижнего изображения, которое является чётким и не похоже на мираж. Автор рассматривает, в какой степени рефракция, отражение или гравитация играют роль в его появлении.

Примечание редактора: При исследовании этого явления гораздо более целесообразно наблюдать Луну, а не Солнце, поскольку можно увидеть больше деталей, а спуск Луны происходит немного медленнее из-за её восточной орбиты; при наблюдении за Солнцем необходимо соблюдать осторожность и использовать правильную фильтрацию, иначе может возникнуть необратимое повреждение глаз.

Если стоять на краю обширного водоёма или равнины, расстояние до горизонта составляет около 5 км[1]. Чёткость звёзд и планет у горизонта снижается, и они кажутся выше, чем на самом деле, потому что их свет преломляется из-за горизонта. Это также верно для Луны или Солнца, которые могут казаться уплощёнными, с хроматическим сдвигом в сторону более длинных волн (оранжево-красным), потому что более короткие волны рассеиваются, когда свет проходит через большую атмосферу, чем в зените или на умеренной высоте. Часто, если условия ясны над обширной водной поверхностью, а точка наблюдения находится близко к поверхности, как только Луна или Солнце приближаются к горизонту, появляется отчётливый и чёткий ободок,

---

1 Одна из многочисленных ссылок, касающихся расчета расстояния до горизонта, принадлежит Мэтью Конрой. Matthew Conroy https://sites.math.washington.edu/~conroy/m120-general/horizon.pdf

поднимающийся как отражение внизу, и изображения сливаются. Я описываю свои наблюдения и предполагаю, что атмосферная рефракция сама по себе не является достаточным объяснением.

Geldart

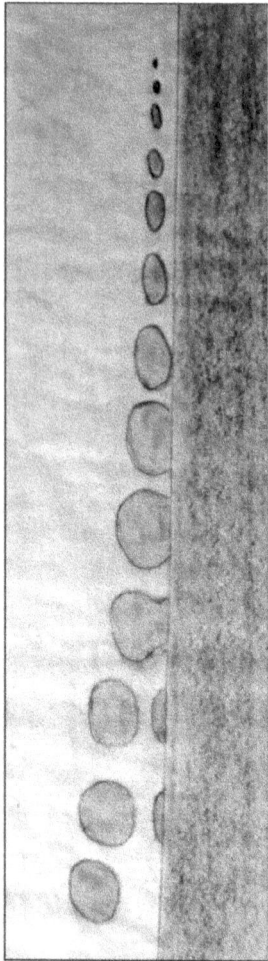

Рисунок 1. Луна в форме горба опускается на озеро Онтарио, а изображение поднимается ниже. Те же моря видны вертикально растянутыми на обоих снимках. Луна (нижний снимок), в то время как диски сливаются и уменьшаются до нуля над горизонтом. Уровень глаз (сидя) находится на высоте около 1 м над водой, вид на юго-запад из округа Принс-Эдвард, Онтарио, Канада, в 5 утра (по местному времени) 19 сентября 2021 года. Авторская составная временная последовательность (движение вертикальное, а не горизонтальное) вскоре после наблюдения в бинокль.

Наблюдения

Много раз я наблюдал закат луны над большим озером — идеальное место для наблюдения за горизонтом, поскольку здесь нет выраженных волн, как в океане. Это позволило мне увидеть восходящее снизу изображение её дубликата. Эта «луна» имеет такие же размеры и цвет, как и Луна наверху, и поднимается с той же скоростью, с какой Луна опускается (примерно её ширина за две минуты, если смотреть с моей широты 44° с.ш.). Нижнее изображение[2] — это перевёрнутый нижний край реальной геометрической Луны за горизонтом. Это подтверждается тем фактом, что те же моря в нижней части Луны находятся и на нижнем краю. Если уровень моих глаз в положении сидя находится на высоте около 1 м над водой, то через мгновение изображения сливаются, и овал затем уменьшается в размерах и «гаснет» на линии примерно в 5 угловых минутах над горизонтом (рис. 1).

---

2 Фраза «нижнее изображение» относится к изображению, находящемуся под «верхним изображением», в данном случае верхнее изображение — это вся Луна, расположенная прямо над горизонтом.

При наблюдении стоя с уровнем глаз примерно в 2 м над водой также можно увидеть нижнее изображение, но угол недостаточно мал для наблюдения за приподнятым фантомным горизонтом (хотя линия сгиба, где два изображения впервые встречаются, всё ещё присутствует). Объединённая форма опускается ниже горизонта (рис. 2). В предыдущем случае, когда уровень глаз составлял около 1 м (тогда горизонт находился на расстоянии около 4 км1 — рис. 1), объединённая форма исчезала до нуля на фантомном горизонте, чего не могли видеть другие наблюдатели, находящиеся чуть выше.

Рисунок 2. На этом составном изображении изображена заходящая луна с восходящим дубликатом на горизонте озера Онтарио. Уровень глаз (стоя) находится на высоте около 2 м над водой, вид на юго-запад из округа Принс-Эдвард, Онтарио, Канада, в 3 часа ночи (по местному времени) 10 сентября 2019 года. (Зарисовка автора, сделанная вскоре после наблюдения в бинокль).

В Приложении приведён список наблюдений других авторов, найденных в Интернете, которые либо демонстрируют, либо не демонстрируют эффект. Я не нашёл случаев наблюдения над сушей, но отсутствие доказательств не является доказательством отсутствия эффекта. Отсутствие эффекта над сушей может быть связано с тем, что при наблюдении над сушей высота неровностей поверхности на высоте 5 км над горизонтом достаточна, даже над очень ровной местностью, чтобы скрыть первые несколько метров атмосферы, через которые свет, создающий худшее изображение, должен пройти.[3]

Однако при наблюдении над спокойной, протяжённой водой этот эффект можно увидеть из-за более мелких неровностей поверхности (например, волн). Тем не менее, иногда над водой эффект не виден, либо из-за слишком больших волн, либо из-за слишком высокой точки обзора.

---

3 Young, A.T. : Янг, А.Т. (2005). Нижние миражи: улучшенная модель, Applied Optics, т. 54, № 4, стр. B173. «Малейшие неровности земной поверхности оказывают весьма заметное влияние на это явление, перекрывая самые низкие траектории...» (цитируется по J. B. Biot, Recherches sur les réfractions extraordinaires qui ont lieu près de l'horizon. Garnery 1810 https://pubmed.ncbi.nlm.nih.gov/25967823

Что такое рефракция?

С уменьшением высоты к поверхности Земли атмосфера становится всё более плотной из-за давления, создаваемого её весом (причём температура также обратно пропорционально влияет на плотность), и поскольку астрономический свет входит в слои воздуха с разной плотностью под углом, его направление и скорость меняются. Согласно закону Снеллиуса.[4] Когда свет попадает в более холодный и плотный воздух, он замедляется и отклоняется в сторону, перпендикулярную границе между слоями воздуха, а когда попадает в более тёплый и разрежённый воздух, он движется быстрее и отклоняется в сторону. В этих случаях свет преломляется.

---

4 Willebrord Snellius: Виллеброрд Снеллиус (1580–1626) — голландский астроном, чьи работы по оптике были предвосхищены античными философами и оказали влияние на Декарта, Ферма, Гюйгенса, Максвелла и других. Закон Снеллиуса определяет соотношение между углом падения и углом преломления при прохождении света через различные среды. https://en.wikipedia.org/wiki/Snell's_law

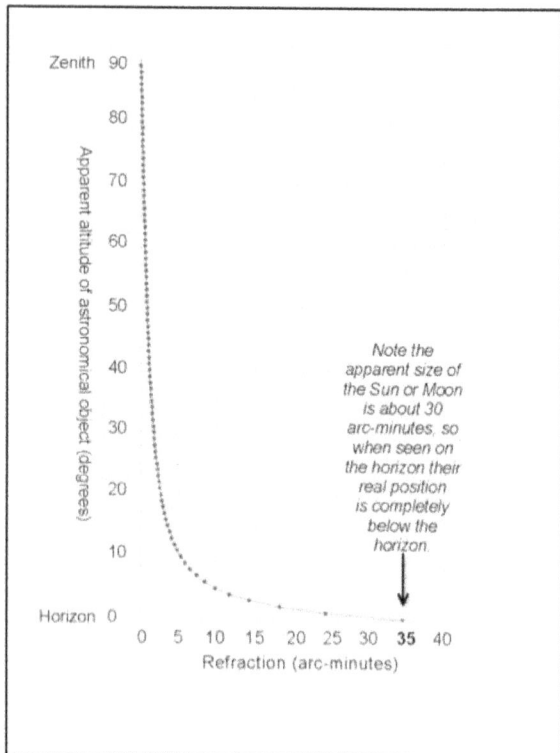

Рисунок 3. График, показывающий увеличение рефракции с уменьшением высоты, основанный на работах Беннетта, 1982 Bennet https://en.wikipedia.org/wiki/Atmospheric_refraction и Макниша, 2007 McNish https://calgary.rasc.ca/horizon.htm Давление и плотность атмосферы имеют схожие кривые. Диаграмма автора.

Когда ваш взгляд направлен в сторону горизонта, астрономический свет проходит через большую часть атмосферы и достигает воздушных слоёв под более плоским углом, чем если бы он шёл из зенита. [5] и эффект рефракции усиливается (рис. 3).

Однако явление неполного изображения Луны или Солнца на горизонте отличается от мерцающих миражей, которые зависят от локального расположения слоёв воздуха разной температуры (обычно холодный воздух над тёплым, поскольку поверхность Земли нагревает прилегающий воздух, или, наоборот, инверсия тёплого воздуха над холодным). Свет с астрономических расстояний, напротив, проходит через всю атмосферу и преломляется к поверхности из-за увеличения плотности с уменьшением высоты, как описано Симанеком:

---

5 «Атмосферная рефракция света звезды равна нулю в зените, менее 1′ (одной угловой минуты) на видимой высоте 45° и всё ещё всего 5,3′ на высоте 10°; она быстро растёт с уменьшением высоты [и увеличением плотности], достигая 9,9′ на высоте 5°, 18,4′ на высоте 2° и 35,4′ на горизонте…»
https://en.wikipedia.org/wiki/Atmospheric_refraction

Simanek: Симанек (2021):

«Атмосфера действует как огромная линза, обернутая вокруг Земли. Это позволяет нам видеть „вокруг" кривизны Земли. Причиной этой рефракции является уменьшение плотности атмосферы с [увеличением] высоты… [и] она постоянна и вездесуща. Её не следует путать с локализованным и временным оптическим явлением, вызванным температурными инверсиями у земли».

https://dsimanek.vialattea.net/flat/round-spin.htm
    и

McLinden: Мак-Линден (1999):

«Если свет распространяется через атмосферу Земли и переходит из воздуха с меньшей плотностью в воздух с большей плотностью, [тогда] по закону Снеллиуса путь, пройденный светом, будет искривлен к поверхности».

https://www.nlc-bnc.ca/
    obj/s4/f2/dsk2/tape15/PQDD_0025/NQ33542.pdf#page=9
    0 (страница 71)

Луна и Солнце на горизонте представляют собой особый случай, поскольку по совпадению, если смотреть с Земли, их диски кажутся одинакового размера (около 30 угловых минут) [6], Это очевидно во время солнечного затмения. Также совпадением является то, что плотность нашей атмосферы вблизи поверхности обеспечивает преломление света около 35 угловых минут. Таким образом, изображение с преломлением 30 угловых минут на горизонте должно быть преломлено из-за горизонта: когда вы видите Луну высоко в небе и на средней высоте, это её истинное положение, но по мере приближения к горизонту происходит очень постепенное смещение, пока на горизонте вы не увидите изображение, полностью преломлённое от истинной геометрической Луны, находящейся под горизонтом..[7]

---

6 Земля вращается вокруг Солнца (диаметр которого составляет 1,4 млн км) на среднем расстоянии около 150 млн км; Луна (диаметром 3400 км) вращается вокруг Земли на среднем расстоянии около 384 000 км. Эти цифры означают, что с Земли диски Луны и Солнца кажутся примерно одинакового размера.

7 Одна из многих презентаций по рефракции: https://britastro.org/node/17066 (British Astronomical Association).

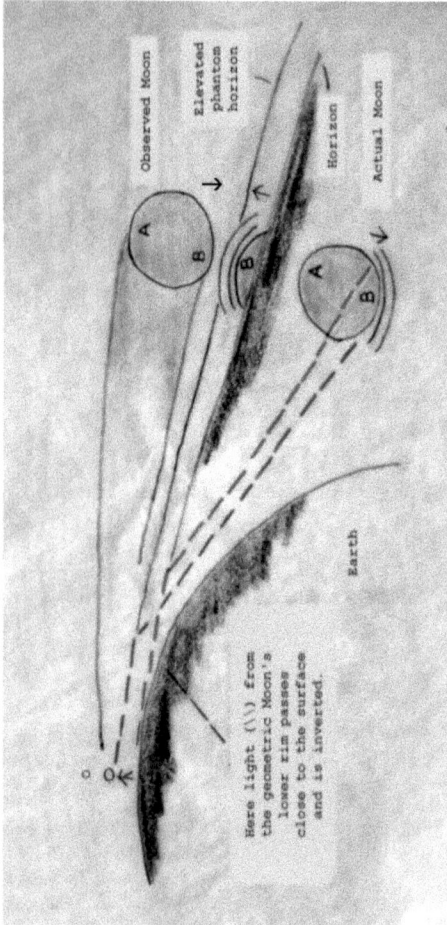

Рисунок 4. Заходящая Луна. Свет от геометрически правильной Луны за горизонтом (внизу) создаёт как наблюдаемую Луну (вверху), так и перевёрнутый восходящий нижний край. Масштаб не соблюдён. (Рисунок автора).

Худшее изображение

Ниже приведены три альтернативных объяснения появления нижнего изображения.

(1) Рефракция над горизонтом.

Разумно предположить, что изображение Луны непосредственно над горизонтом создаётся рефракцией света от геометрически видимой Луны за горизонтом из-за увеличения плотности атмосферы с уменьшением высоты. Затем, по мере того как Луна, находящаяся вне поля зрения, отстаёт на запад относительно горизонта (хотя обе они движутся на восток) [8], Свет от

---

8 Слова «восход луны» и «заход луны» являются фигурами речи. Земля вращается на восток со скоростью около 1700 км/ч (на экваторе), совершая один оборот за сутки; Луна вращается вокруг Земли на восток со скоростью около 3600 км/ч (относительно Земли), совершая полный оборот по своей ширине (30 угловых минут) за две минуты на фоне звёзд, как видно из наших средних широт, и совершая один оборот за месяц. В результате Луна отстаёт от Земли в её движении на восток примерно на 50 минут в сутки и только кажется, что она движется в противоположном направлении: восходит на востоке и заходит на западе. Другими словами, горизонт Земли догоняет и обгоняет изображение Луны.

нижнего края (В на рис. 4) проходит очень близко к поверхности и инвертируется, создавая впечатление, что он поднимается над горизонтом (пунктирные линии). Нижний край поднимается, потому что он делает обратное движение видимой Луны, которая «опускается» относительно горизонта.

Модель рефракции объясняет видимую Луну, но имеет недостатки в объяснении нижнего изображения. Лучи, проходящие через слои воздуха с разной температурой вблизи поверхности, мерцают, как мираж, но нижнее изображение четкое и ясное. Нижнее изображение также не искажается между горизонтом и линией сгиба, где он встречается с заходящей Луной, поэтому рефракция, которая максимальна у горизонта, по-видимому, не играет роли. Более того, если нижнее изображение всегда видно с низкой точки обзора над обширным водным пространством в ясную погоду, эффект не будет зависеть от температурных слоёв вблизи наблюдателя и на горизонте, которые могут меняться в разное время и в разных местах.

(2) Отражение от воды за горизонтом.

Это предположение о причине появления нижнего изображения (поскольку оно ведёт себя точно так же, как отражение заходящей Луны) можно проверить, проведя отдельные наблюдения заходящей Луны вблизи горизонта в ясных условиях над различными водоёмами, достигающими суши на разном расстоянии за горизонтом. Если суша на определённом расстоянии (например, 10 км) за горизонтом препятствует появлению нижнего изображения (для подтверждения этого потребовалось бы несколько наблюдений), то наличие воды на этом расстоянии обязательно. Это означало бы, что при появлении нижнего изображения над открытой водой свет геометрической Луны отражается от воды за горизонтом на этом расстоянии, и что наличие слоёв воздуха с разной температурой не имеет значения. Представьте, что фантомный горизонт, на котором изображения встречаются, а затем исчезают на рисунке 1, представляет собой вид на далёкую водную поверхность, приподнятый за счёт рефракции.

Также стоит проверить ситуацию над плоской поверхностью, где за сушей и за горизонтом находится обширная водная поверхность: если эффект имеет место, это подтверждает наличие отражения, поскольку, по-видимому, эффекта нет, когда вид направлен только на сушу. Однако это предположение об отражении в целом можно поставить под сомнение, поскольку отражённое от воды изображение будет мерцающим и нечётким, в то время как нижнее изображение неизменно чёткое. Конечно, любое наблюдение эффекта над сушей (без воды) исключает отражение и опровергает эту теорию.

(3) Гравитационный колодец Земли.

Свет от Луны должен следовать изгибу земного пространства-времени, который простирается далеко за пределы Луны до центра Земли, не говоря уже о гравитационном колодце самой Луны, который здесь опутан и простирается, по крайней мере, до обратной стороны Земли, что демонстрируется океанскими приливами. Величина гравитационного притяжения у

Земли очень мала.[9, 10], Но гипотеза здесь заключается в том, что свет, проходящий очень близко к поверхности, испытывает больший эффект, искривляется вместе с поверхностью и инвертируется, как видно с точки зрения наблюдателя, также находящегося близко к поверхности. (Рисунок 4).

Какие тесты можно разработать для подтверждения этого?

---

9 Sanjoy Mahajan: «На поверхности Земли сила [«искривления пространства и времени»] составляет Гм/rc² … ~ 10−9 [0,000 000 001]. Эта ничтожно малая величина и есть угол изгиба (в радианах)». Санджой Махаджан, кафедра электротехники и информатики, Массачусетский технологический институт. https://web.mit.edu/6.055/old/S2009/notes/bending-of-light.pdf#page=6 (стр. 116).

10 Масса Солнца примерно в 300 000 раз больше массы Земли, поэтому оно вызывает гораздо большую кривизну пространства-времени. Британский учёный Эддингтон, как известно, поставил перед собой задачу доказать гипотезу Эйнштейна о том, что свет преломляется вокруг больших масс. В 1919 году его группа учёных отправилась в два тропических места, чтобы наблюдать солнечное затмение. Им удалось показать, что положение звёзд в скоплении Гиады, расположенных очень близко к краю Солнца, отличается от их положения на тёмном ночном небе. ctc.cam.ac.uk/news/190722_newsitem.php

Мы могли бы исследовать положение звезды, которая может быть разной в разное время, если они находятся на одной и той же небольшой высоте вблизи горизонта. Конечно, будут атмосферные помехи, но цель состоит в том, чтобы измерить любое смещение, вызванное гравитационным полем Земли. На практике это означало бы наблюдение, близко к поверхности над плоской местностью, за положением звезд в разные времена года и на разных широтах (экватор, полярный круг и т. д.), чтобы получить различные ситуации, когда холодный воздух находится над теплым и наоборот. Другим фактором является общее изменение температуры атмосферы, влияющее на глубину тропосферы, которая увеличивается от поверхности Земли примерно до 7 км на полюсах (холодный воздух) и до 15 км на экваторе (теплый воздух). Наблюдаемое положение звезды сравнивается с ее уже известным расчетным положением, которое учитывает время суток, время года и широту, без учета рефракции.

Возьмем положение звезды на выбранной высоте очень близко к горизонту, например, в зимней арктической местности, а затем любую другую звезду на той же высоте в тропической местности. Если наблюдаемые положения звезд отклоняются от расчетных в одинаковой степени в обоих случаях, то влияние слоев воздуха с разной температурой не будет иметь значения для дополнительного смещения. Можно также исключить рефракцию: преломление света в атмосфере к поверхности Земли из-за увеличения плотности с уменьшением высоты, поскольку изменение плотности с высотой будет разным в арктических и экваториальных условиях, и это по-разному повлияет на свет из-за горизонта. Таким образом, если положения звезд, которые мы рассматриваем, изменяются в одинаковой степени в обоих случаях, то измененное положение должно быть вызвано чем-то иным, чем изменениями температуры или плотности атмосферы (градиентом температуры), и этим фактором может быть свет, следующий за кривизной гравитационной ямы Земли.

Заключение

Я говорил о заходе Луны или Солнца на западе, но это в равной степени может относиться и к этим телам, восходящим на востоке.

Для ясности: астрономические объекты, наблюдаемые в зените и на умеренных высотах, не преломляются из-за увеличения плотности атмосферы с уменьшением высоты, поскольку плотность растёт очень быстро (от почти нуля на высоте 20 км до примерно 1,2 кг/м³ на уровне моря).[11] Однако астрономические объекты, такие как Луна или Солнце, видимые на небольшой высоте и вблизи горизонта, преломляются и выносятся из-за горизонта (но не инвертируются). Иногда наблюдаемое инвертированное нижнее изображение, восходящее над горизонтом, не преломляется, поскольку оно слишком узкое, чтобы на него влияло уменьшение плотности с высотой. Тем не менее, это изображение края геометрической Луны, вынесенное из-за горизонта. Именно это нижнее изображение требует объяснения.

С помощью модели рефракции можно было бы ожидать, что изображения на горизонте будут мерцающими и похожими на мираж из-за прохождения света через слои воздуха с разной температурой, но это не является характеристикой нижнего изображения. Альтернативное гравитационное предположение допускает нижнее изображение, которое (i) более отчётливо и чётко, чем мираж, (ii) возникает во многих ситуациях независимо от локальных температурных слоёв и (iii) не искажается на горизонте даже при высокой рефракции в этой области. Гипотеза заключается в том, что при наблюдении за горизонтом над обширной водной поверхностью с точки обзора, близкой к поверхности, наблюдатель видит свет от края геометрической луны, прошедшей вблизи поверхности и инвертированной кривизной пространства-времени вокруг Земли, независимо от температуры или плотности атмосферы. Поскольку это явление наблюдается только с низкой точки обзора, глядя на горизонт через ровную поверхность, это также подчёркивает важность точки зрения наблюдателя.

Для подтверждения или опровержения гипотез об отражении и гравитации потребуются упомянутые ранее полевые исследования, и если они будут отклонены, необходимо пересмотреть, как рефракция может создавать изображение худшего качества. Какое бы объяснение это ни использовалось (рефракция, отражение, гравитация), основная предпосылка остаётся в силе:

(a) для любого наблюдателя на любой высоте изображение Луны, приближающейся к горизонту, создаётся светом от геометрической Луны, находящейся вне поля зрения, преломлённым в атмосфере из-за увеличения плотности с уменьшением высоты, и

(b) наблюдатель, находящийся близко к поверхности, смотрящий на обширную водную поверхность, также видит преломлённую Луну, но может также видеть восходящее (перевёрнутое) нижнее изображение, создаваемое светом от края геометрической Луны, который точно следует кривизне поверхности Земли, чтобы достичь их положения.

Дубликат изображения захода Луны

Приложение

Наблюдения других наблюдателей за восходом и заходом Луны или Солнца.

С ЭФФЕКТОМ БОЛЕЕ ХУДШЕГО ИЗОБРАЖЕНИЯ

* Солнечное затмение
Elias Chasiotis Элиас Хасиотис, декабрь 2019 г.
Катар
Исключительное солнечное затмение во время восхода Солнца и Луны над океаном.
https://apod.nasa.gov/apod/ap191228.html

* Закаты
George Kaplan Джордж Каплан, август 1999 г.
Северная Каролина, США
Защищенный океан (волны и зыбь не так выражены). С комментариями А.Т. Янга
https://aty.sdsu.edu/explain/simulations/inf-mir/Kaplan_photos.html

* Восход солнца
Rob Bruner Роб Брунер, ноябрь 2009 г.
Мексика. Над океаном
https://epod.usra.edu/blog/2009/12/omega-sunrise.html

* Восход солнца
Luis Argerich Луис Аргерих, сентябрь 2011 г.
Аргентина. Над океаном
https://epod.usra.edu/blog/2011/11/omega-sunrise-from-buenos-aires.html

* Восход луны
John Stetson Джон Стетсон, январь 2013 г.
Мэн, США. Над океаном
https://epod.usra.edu/blog/2013/02/omega-moon-over-cape-elizabeth-maine.html

* Заход луны
Alex Berger Алекс Бергер, октябрь 2012 г.
Манитоба, Канада
Защищённый океан (Гудзонов залив), даже с туманом.
https://flickr.com/photos/virtualwayfarer/8185226155

* Закат
Michael Myers Майкл Майерс, 2002
Мыс Хаттерас, Северная Каролина, США
Над проливом Памлико
https://atoptics.co.uk/atoptics/sunmir2.htm

БЕЗ ЭФФЕКТА

* Восход луны
Alan Dyer Алан Дайер, сентябрь 2020 г.
Прерии Альберты, Канада
Неровности на равнине затеняют нижние слои
атмосферы, где изображение было бы нечетким.
https://vimeo.com/465032138

* Заход луны
Vladimir Scheglov Владимир Щеглов, апрель 2018 г.
Заснеженная тундра на северо-востоке России
Неровности на равнине затеняют нижние слои
атмосферы, где изображение было бы нечетким.
https://esplaobs.blogspot.com/2018/04/moon-and-wolf-
taken-by-vladimir.html

* Закат
XtU, декабрь 2009 г.
Над водой. Автор также наблюдал закаты над водой
насыщенного оранжевого цвета без каких-либо
эффектов.
https://en.wikipedia.org/wiki/File:Sunset_Time_Lapse_31-12-
2009.ogv

Geldart

Примечание: URL-адреса в этом документе проверены
по состоянию на апрель 2025 г.